Les Petites Pommes du Savoir

Les
Petites Pommes
du Savoir

n°1. *Le Temps existe-t-il ?* Étienne Klein
n°2. *Cloner est-il immoral ?* Laurent Degos
n°3. *Pourquoi la mer est-elle bleue ?* Pierre Laszlo
n°4. *Peut-on guérir le cancer avec des OGM ?* Louis-Marie Houdebine
n°5. *Le Climat est-il devenu fou ?* Robert Sadourny
n°6. *Dopés, victimes ou coupables ?* Françoise Siri
n°7. *Peut-on croire les sondages ?* Gilles Dowek
n°8. *La Radioactivité est-elle réellement dangereuse ?* Jean-Marc Cavedon
n°9. *En amour, sommes-nous des bêtes ?* Michel Serres
n°10. *Algues, lapins, termites… Quelles espèces nous menacent ?* Michel Lamy
n°11. *Quel avenir pour le développement durable ?* Dominique Bourg
n°12. *Voulez-vous jouer avec les maths ?* Gilles Dowek
n°13. *Peut-on boire l'eau du robinet ?* Pierre Laszlo
n°14. *Peut-on voyager dans le temps ?* Gabriel Chardin
n°15. *Pourquoi le Soleil brille-t-il ?* Alain Bouquet
n°16. *Faut-il légaliser l'euthanasie ?* Michel Hautecouverture

Étienne Klein

Le TEMPS existe-t-il ?

Les Petites Pommes du Savoir

Éditions
Le Pommier

édition : Juliette Thomas
conception graphique :
Atelier Daniel Leprince
relecture : Sidonie Van den Dries

Le Pommier, 2002

2.74650018.1

Au départ, un mot de cinq lettres

Je vous en ficherai, moi,
des brumes nordiques.
Marcel Aymé

Qu'est-ce donc que le temps ? Existe-t-il vraiment ? Les réponses à ces questions aussi vieilles que la pensée se font toujours attendre. Pourquoi un tel délai ? Parce que dès que l'on tente de saisir la nature du temps, on la voit se perdre dans des brumes énigmatiques. Si l'on cherche à la circonscrire par des mots précis, elle s'acoquine avec plusieurs entrées du dictionnaire, s'éparpille en renvois, se déguise en vagues synonymes (durée, succession, mouvement, changement...). Si on lui applique les bonnes vieilles règles de la logique, elle se disperse en paradoxes calamiteux, comme nous le verrons. Et si on la mathématise, elle se désincarne en perdant toute saveur. Penser le temps, c'est comme labourer la mer.

Le temps est d'abord (et au moins) un mot, et même un mot « primitif », pour citer Blaise Pascal. En effet, pour dire le monde, il semble que nous ayons impérativement besoin de ce poisson-pilote de l'intelligibilité. Comment pourrions-nous percevoir un objet, dire un événement, exprimer une émotion, raconter une histoire sans les configurer dans une trame temporelle ? Supprimer le mot temps de notre vocabulaire reviendrait pratiquement à nous coudre la bouche. Il suffit de voir la place immense et unique que ce petit mot occupe dans les expressions du langage courant, mais aussi en littérature et en philosophie, dans les sciences et dans la poésie, et surtout dans la chanson populaire, celle qui nous rappelle que la vie est brève, les amours éphémères et la mort certaine, pour le cas où, distraits par trop de bonheur, nous l'aurions oublié.

Reste que le mot temps ne dit rien de ce qu'est le temps. Ce constat en forme de problème, déjà noté par saint Augustin il y a quinze siècles, produit toujours une sorte d'hébétude. Si je me propose de produire un discours répondant à la question de la nature du temps, mon propos s'effondre ou s'effiloche à peine l'ai-je entamé. Nous devons donc affronter un double phénomène pour le moins étrange : premièrement, le temps n'est pas un objet au sens usuel du terme (il n'a pas le même type de réalité qu'une table ou qu'une chaise) et, deuxièmement, le langage est mis en échec devant l'exigence d'avoir à en parler. Or cette exigence existe puisque le temps fait partie de ces questions provocatrices qui s'allument toutes seules comme des grandes dans nos petites têtes.

Me voici donc joyeusement contraint de parler de ce dont personne ne sait comment parler…

On m'objectera qu'existent de multiples définitions du temps : « le temps est l'image *mobile* de l'éternité immobile » (Platon), ou bien « le nombre du mouvement selon *l'avant et l'après* » (Aristote), ou bien « ce qui *passe* quand rien ne se passe » (Jean Giono), ou bien ce qui fait que toute chose réelle est *en train* d'être et que sais-je encore. Mais toutes ces prétendues définitions du temps ne sont en réalité que des images, des déplacements ou des métaphores, car toutes présupposent en amont d'elles-mêmes l'idée de temps. Ce sont des boucles de langage dans lesquelles on peut s'embourber à loisir et même à l'infini. Comme disait Montaigne, « on échange un mot pour un autre mot, et souvent plus inconnu »[1], de sorte que l'essentiel du temps se trouve laissé dans la pénombre du langage.

Reste donc à trouver où est le bougre.

Le lieu du temps

Où va le présent
quand il devient passé, et où est le passé ?
Ludwig Wittgenstein

Le temps se présente à nous selon trois phases ou trois modalités qui sont le passé, le présent et l'avenir. Ces trois phases ne sont pas fixes dans le temps puisque, justement, ce dernier transforme l'avenir en présent et le présent en passé. Finalement, seul le passé conserve éternellement son statut de passé. Mais laquelle de ces trois phases est la plus réelle ?

Le passé n'existe plus. Donc, il n'existe pas, concluait aussitôt Aristote. Mais l'affaire n'est peut-être pas aussi simple. Le passé tend à se sédimenter dans le présent, à s'y cristalliser en déterminismes, à y stocker des fatalités de toutes sortes. Il est donc l'une des sources du présent : cette feuille (de moins en moins blanche) qui est là, devant moi, vient du passé, tout comme ce stylo, cette table, cette lampe. Ce n'est pas l'usage présent que j'en fais qui les a subitement fait sortir du néant. Les atomes qui constituent mon corps viennent eux aussi du passé : ils se sont formés dans des étoiles il y a plusieurs milliards d'années et se retrouvent aujourd'hui en moi.

Tout cela milite pour affirmer que le passé existe au moins « un peu ». On a bien sûr le droit de polémiquer tout son saoûl à propos de la taille de ce « un peu ». On peut croire à la réalité pleine et entière du passé, on peut défendre au contraire que le passé est un pur néant, on peut également consentir à lui affecter une « certaine réalité » comparable à celle du présent ou de l'avenir.

Affirmer que le passé possède une réalité quelconque semble une absurdité puisque le réel ne se donne qu'au présent. Affirmer, au contraire, que le passé ne possède aucune réalité semble être une thèse également difficile à soutenir jusqu'au bout. Napoléon, Einstein et mes grands-mères ont bel et bien existé, de sorte qu'on ne peut dénier au passé une certaine réalité, même si celle-ci n'est plus présente. Entendons-nous bien : la question n'est pas ici de savoir si ces existences passées ont ou non laissé des traces dans nos mémoires, si elles ont ou non produit des effets encore sensibles dans le présent, ni d'examiner les manières que peut avoir le passé de survivre dans le présent ; elle est de savoir si et comment on peut concevoir la réalité d'un passé dès lors que la réalité n'est définissable qu'au présent.

On peut soutenir d'une part que le passé est privé de toute consistance réelle au motif qu'il est incapable de se frayer une voie vers une présence observable et palpable. La réalité doit pouvoir, pour être reconnue comme telle, être vue et touchée, par moi ou par un autre en qui j'ai confiance. Or tel n'est évidemment pas le cas de ce qui est passé. On peut donc légitimement affirmer que le passé n'existe pas.

À l'opposé, on peut considérer le passé comme une sorte de réalité éminente sous prétexte que sa condition de passé achevé le met à l'abri de toute altération, à l'abri notamment des incertitudes du futur. Le fait qu'un événement se soit passé, se soit *réellement* passé, n'est pas susceptible d'une remise en cause. Il sera toujours vrai qu'il a eu lieu, même si aucune mémoire n'a emmagasiné cet événement, même s'il n'a laissé aucune trace, même si sa réalité est niée. Cette fixité du passé semble d'ailleurs si peu discutable que même les théologiens les plus audacieux ont limité l'omnipotence divine en refusant d'accorder à Dieu le pouvoir exorbitant d'effacer ou de modifier le passé à sa guise.

S'il est si difficile de trancher entre ces deux thèses antagonistes, c'est peut-être parce qu'elles sont toutes les deux vraies en même temps. Le passé est en partie irréel dans la mesure où il est déconnecté du présent, qui occupe le seul site où réside la réalité. Mais il est également réel dans la mesure où il a été présent et a donc occupé une fois ce site, ce qui le rend à jamais réel, même si la mémoire qui le conserve tant bien que mal et les documents qui en attestent doivent eux aussi périr un jour. En ce sens, il suffit au réel d'avoir été réel une fois pour l'être à jamais.

Accorder ainsi au passé une certaine consistance existentielle ne suffit pas à clore le débat. Se pose ensuite la question de l'accessibilité du passé. Transposée dans le champ de la littérature, cette question revient à se demander où placer le curseur sur une règle dont les deux extrémités pourraient être représentées par les œuvres de Scott Fitzgerald et Marcel Proust. Le premier considérait que le passé n'est nulle part, que chaque instant à peine vécu tombe dans un gouffre sans laisser aucune trace, bref que les bonheurs enfouis sont perdus à jamais et que c'est forcément déchirant ; pour l'auteur de *Tendre est la nuit*, l'impossibilité d'un recours (ou d'un retour) au passé est la marque la plus tragique de la détresse ordinaire de l'homme, de sa lente fêlure. Proust, lui, prétend pouvoir partir à la recherche du temps perdu et des bonheurs anciens grâce à un travail de purification de la mémoire : chacune de nos impressions passées peut revenir en surface, se débarrasser de sa gangue contextuelle et ainsi atteindre à la vérité. Inutile de dire que toutes les positions intermédiaires entre ces deux extrémités peuvent s'envisager.

Venons-en maintenant à l'avenir : existe-t-il seulement, lui ? Il n'existe pas encore, donc il n'existe pas, concluait Aristote, ici imparable. Comment pourrait-il exister d'ailleurs puisque s'il existait, il serait du présent ? Nous en parlons tout de même comme s'il était certain qu'il allait advenir, comme s'il nous était d'une certaine façon présent, comme si nous étions sûrs que plus tard, il y aurait encore du présent, réservant nos incertitudes et nos interrogations non au fait que l'avenir sera, mais à ce qu'il sera et à ce qui s'y passera. « Les prédictions sont difficiles à faire, avançait le physicien Niels Bohr, surtout quand elles concernent l'avenir… ». À propos de ce statut ambivalent de l'avenir, saint Augustin avait sans doute déjà dit l'essentiel, à savoir que l'avenir ne peut nous être présent que dans l'« âme » (ou dans la conscience, pour prendre un terme plus moderne) qui seule a la capacité de se représenter ce qui n'est pas, et notamment ce qui n'est pas encore. L'avenir suppose à la fois l'attente (puisque de la durée nous sépare de lui) et l'imagination (puisque nous ne pouvons guère que l'anticiper fictivement). Il suppose également la mémoire, seule capable de connaître ce que l'avenir aura de nécessairement répétitif, par exemple qu'il y aura des automnes et des hivers, des printemps et des étés, des joies puis des peines et encore des joies. L'avenir n'a donc d'existence que pour l'esprit, non en soi. Il existe seulement dans la conscience, non dans le monde. Aussi l'avenir n'est-il pas un être au sens propre du terme. Comme le dit André Comte-Sponville, il n'est que « le corrélat imaginaire d'une conscience en attente »[2].

Mais c'est sans nul doute autour du statut du présent que les questions existentielles sont les plus corsées car, à en croire les philosophes, on trouve autant d'arguments pour prétendre que le présent existe que pour prétendre qu'il n'existe pas. Par quelque bout qu'on l'envisage, le présent apparaît contaminé par ce qu'il n'est pas. Il mélange la présence et l'absence, comme si son être propre avait subrepticement phagocyté du non-être. D'un côté, chaque instant qui passe ne nous propose jamais que du présent. Rien ne semble donc plus facile que de lui porter notre attention et de croire à sa réalité. Mais d'un autre côté, aucune expérience n'est plus difficile que celle-là puisque le présent ne cesse de nous échapper. Impossible à saisir dans son passage, il n'advient qu'en cessant d'exister. Il se « néantise » de lui-même. Constamment, à chaque avancée du temps, il déchire la trame de son apparition, puis la renoue sans cesse, comme s'il errait par rapport à l'être.

Ce flottement existentiel du présent le rend ambigu. Pour l'exprimer, nous sommes condamnés à forger des concepts anti -nomiques, unissant en eux une idée et la négation de cette idée. Ainsi, nous dirons que le présent passe, puisqu'il n'est pas toujours le même, et qu'il ne passe pas, puisque nous ne quittons un instant présent que pour en retrouver un autre. Le présent a donc ceci de paradoxal qu'il est à la fois persistant et éphémère : toujours là mais pas toujours identique à lui-même, son advenance imbrique contradictoirement la permanence et le changement.

Dès lors, si l'on choisissait de définir la réalité comme ce qui ne saurait être contradictoire, alors le présent pourrait bien être ce qui a le moins d'arguments pour exister. Car sans avoir l'air d'y toucher, il fait vaciller la logique même de l'être.

Y aurait-il donc un lien entre l'être et le temps ?

L'être et le temps

Les mots qui vont surgir savent de nous
ce que nous ignorons d'eux.
René Char

En général, la pensée ne sait pas par quel bout prendre la question du temps. Alors, mise en face de lui, elle muse, se prélasse en de lascifs méandres, braconne dans l'hétéroclite : « Voyez-vous, j'hésite entre ça et ça ». Cela donne lieu à d'intenses tergiversations de sa part. Tantôt elle conçoit le temps comme ce qui passe, tantôt comme la trame inchangée de toute modification. Tantôt elle l'invoque comme principe de changement, tantôt comme l'enveloppe de toute chronologie. Tantôt elle l'assimile à l'évanescence et à la furtivité, tantôt à une vaste arène perpétuellement en attente de ce qui viendra s'y produire. Comment sortir de cette ambivalence ? L'affaire paraît impossible à démêler. Cependant, qui ne voit que renoncer à penser le temps serait comme renoncer à toute compréhension de l'être en général ? Le temps et l'être ne s'entre-appartiennent-ils pas assidûment, comme une curieuse paire d'amis ? Ce n'est pas un hasard si Heidegger a choisi dans son maître ouvrage de penser ensemble *Être et Temps* : puisque l'on ne peut espérer comprendre l'être qu'à partir du temps et réciproquement, il faut relier ces deux domaines par une sorte de diagonale et ne plus les considérer comme indépendants l'un de l'autre. C'est bien la minuscule conjonction *et* qui, dans *Être et Temps*, recèle le problème majuscule.

Car à trop vouloir penser le temps comme tel, c'est-à-dire abstraitement et en soi, on le sépare de ce dont il est inséparable, c'est-à-dire de la réalité même du monde. Un tel risque n'est jamais nul, car la pensée a tendance à disjoindre ce que la conscience relie. Ainsi, présent et réalité sont en général posés par la pensée comme deux catégories différentes, tandis que la conscience du présent s'accompagne toujours de la conscience de la réalité :

tout ce qui se donne à moi comme présent, comme présentement là, se donne aussi à moi comme réel. Certains philosophes, tentés d'aller jusqu'au bout de ce rapprochement, se sont d'ailleurs convaincus de la totale identité du présent et du réel.

Mais peut-être ne faut-il pas aller trop vite en besogne. Comme nous l'avons dit, le temps n'est pas un objet, en tout cas pas un objet comme les autres, notamment parce que nul ne l'a jamais vu face à face, nul ne l'a senti ni entendu ni touché. Or – fait curieux – nous ne doutons pratiquement jamais de son existence ! En réalité, nous ne percevons que ses effets : nous voyons, humons, entendons, goûtons, touchons *dans* le temps, mais non *le* temps lui-même. Le temps ne se montre pas, sauf à la rigueur dans « la présentification de l'aiguille qui avance »[3] comme disait Heidegger, qui aimait les phrases alambiquées et les mots tératoïdes. Mais qu'est-ce donc qu'indiquent vraiment les horloges, dont les aiguilles symbolisent à nos yeux le temps en acte ? Ce n'est pas le temps *lui-même* qui se montre, seulement un mouvement spatial des aiguilles censé montrer son déploiement. Le vrai temps, lui, reste caché. D'où vient alors que nous accordions un tel crédit existentiel à un « être » aussi discret, qui ne nous est jamais livré comme un objet empirique et que nous ne voyons même pas aux rayons X ? Comment la pensée a-t-elle pu considérer qu'il s'impose à nous alors qu'il ne nous fait jamais signe ? Sans en faire une affaire d'État, il faut bien reconnaître que la prétendue « évidence » du temps reste problématique.

Il y a pire : même si l'on affirme que le temps existe bel et bien, se pose en prime la question de savoir sur quel *mode* il existe. Comment se donne-t-il à la pensée ? Quel est son rapport aux choses ? Est-il dans le monde ou contient-il le monde ? Existe-t-il indépendamment de ce qui survient, se transforme, s'use, vieillit, meurt ? Et quelle est la véritable consistance de ce temps qui s'écoule mais que l'on prétend toujours là ?

Le temps, dit-on, s'écoule

Le temps est un fleuve fait d'événements…
Marc-Aurèle

Nous avons déjà dit que lorsque la langue parle du temps, elle le fait mal en général. Que veut-on dire par exemple quand on répète que le temps « s'écoule », qu'il « passe », qu'il « fuit » ? Cette façon de parler, qui associe le temps à la labilité et à la fuite, est devenue courante (c'est le cas de le dire). Elle n'est pas neutre pour autant.

D'abord, elle constitue un abus de langage. Nul ne conteste qu'on puisse dire que le temps est ce qui fait que toute chose passe. Mais en déduire que c'est le temps lui-même qui passe, c'est prendre un raccourci et confondre contenant et contenu. La succession des moments du temps (passé, présent, futur) n'est pas la même chose que la succession du temps lui-même. Eux passent, lui non. Dès lors, pourquoi serait-il plus sensé de dire que le temps passe qu'il le serait de dire que le chemin chemine ou qu'un cahier à musique chante ? Si l'on admet que toute réalité est temporelle, dire que le temps passe équivaut à dire que ce qui passe, *en fait*, c'est l'ensemble des choses et des phénomènes que le temps contient. Bref, c'est la réalité tout entière qui « passe », et non le temps lui-même.

Ensuite, dire que le temps passe, c'est implicitement affirmer qu'il existe. Cette expression constitue donc pour le temps une forme de promotion ontologique, qui lui garantit le statut d'un être autonome, indépendant des choses et des processus. Dès lors, la question de son existence est comme tuée dans l'œuf.

La comparaison du temps à un fleuve suscite en outre toute une imagerie qui est elle-même source d'embarras : par rapport à quoi le temps s'écoule-t-il ? S'il est comme un fleuve, qu'est-ce qui pour lui fait office de lit ?

Que sont ses berges ? Comme on voit, l'idée d'un écoulement du temps postule subrepticement l'existence de quelque réalité intemporelle où passerait le temps. Elle rive donc le temps au « non-temps ». Ce paradoxe massif n'a nullement empêché cette métaphore fluviale d'accompagner toute l'histoire de la pensée. Aujourd'hui encore, nos discours sur le temps ressortissent tous au registre des commentaires de baigneurs faisant trempette dans une sorte de fleuve dont Héraclite disait déjà, il y a vingt-cinq siècles, qu'on ne peut y entrer plus d'une fois.

Reste qu'un fleuve n'est pas une mare. L'un coule, l'autre non. Comparer le temps à un fleuve, c'est donc s'interdire d'imaginer un temps qui ne s'écoulerait plus. Il y a bien eu des romanciers pour imaginer l'arrêt du temps, mais ce fut toujours au prix d'une confusion entre temps et mouvement. Tous expliquent que les aiguilles des montres se bloquent et en déduisent qu'alors c'est le temps lui-même qui ne passe plus. Que le temps ne passe plus, sans que cela empêche le monde de continuer à exister ni les mouvements d'avoir lieu ! N'y a-t-il pas là une contradiction flagrante ? Car si le monde se maintient, c'est que le réel perdure, et si le réel perdure, cela n'implique-t-il pas qu'il est contenu dans un temps qui coule… ? Autrement dit, même si plus rien ne se passe, le temps, lui, doit rester là pour *continuer à faire être le monde.* Sa tâche première n'est-elle pas de maintenir le réel dans la durée ? De le faire persévérer dans la présence ? S'il est vrai qu'on ne peut exister que dans le temps, si le temps est bien cet « englobant » que nous ne rencontrons jamais lui-même, mais qui contient tout ce que nous rencontrons, alors il ne peut y avoir de monde sans temps. En somme, l'arrêt véritable du temps signifierait non seulement l'immobilisation de toute chose, mais aussi l'arrêt du présent, c'est-à-dire la disparition de tout ce qui existe. Le temps est donc *au minimum* ce par quoi les choses persistent à être présentes. Sans lui, tout se passerait d'un seul coup. Cela suggère assez bien, par différence, que le temps pourrait bien se confondre avec l'être même.

Étrange chose en tout cas que le temps qui, paradoxalement, parvient à mimer l'éternité tout en étant ce qui nous en sépare : tout passe avec lui sauf… lui-même, qui ne passe pas à travers ce qu'il fait passer.

Questions de nature

Je trône dans l'azur
comme un sphinx incompris.
Charles Baudelaire

Pour voir à quel point nos réflexions à propos du temps sont confuses, il suffit de jeter un coup d'œil dans l'histoire de la philosophie. Le temps fut tantôt pensé à la suite de l'espace, tantôt pensé indépendamment de lui, voire à son encontre. Il fut tantôt convoqué pour penser le mouvement, tantôt pour penser l'envers du mouvement, c'est-à-dire le fixe, l'éternel, voire Dieu soi-même. Tout cela illustre l'embarras où nous met la question du temps. Est-il un objet, c'est-à-dire « quelque chose qui est jeté devant nous » ? Est-il une **substance**, c'est-à-dire une chose qui n'a besoin que d'elle-même pour exister ? Est-il une idée ? Est-il un concept empirique dont la texture serait tirée de notre expérience ? Incarne-t-il plutôt un ***a priori* de**

notre sensibilité, pour parler comme Emmanuel Kant, au sens où l'**entendement** (la raison en tant qu'elle se donne les moyens de connaître) ne pourrait pas fonctionner sans lui ? N'est-ce qu'un mot, une simple métaphore inventée pour dire le changement, l'usure, le vieillissement et la mort ? N'existe-t-il que dans l'âme, comme le pensait saint Augustin ? Surgit-il comme un produit purifié de la conscience, comme le croyait Edmund Husserl ? Devons-nous aller jusqu'à nous demander, avec Martin Heidegger, si nous ne sommes pas *nous-mêmes* le temps ?

Très souvent, on croit que les physiciens seront un jour capables de répondre à ces questions en dévoilant la véritable nature du temps. Il s'agit d'un malentendu, certes sympathique, mais d'un malentendu quand même. L'**ontologie**, ce discours sur « l'être en tant qu'être » comme disait Aristote, n'est pas une science, seulement un questionnement. Pareille méprise se nourrit des succès accomplis par la physique au cours du XXe siècle.

Chacune de ses révolutions (théorie de la relativité, physique quantique) n'a-t-elle pas remis en cause le statut du temps avec l'efficacité opératoire que l'on sait ? Ses percées fascinantes alimentent l'espoir qu'un prochain Einstein finira par conquérir une intelligence complète et définitive du temps. Pourtant, dans l'accomplissement de leur travail, les physiciens posent très peu de questions d'ordre ontologique comme : qu'est-ce que le temps ? Qu'est-ce que l'espace ? Qu'est-ce que la matière ? Ces concepts font bien partie de leurs théories mais les physiciens évitent de tenir à leur sujet des discussions trop philosophiques. Leur réserve en la matière est parfois considérée comme la marque d'un mépris organisé pour toutes les questions qui transcendent l'opérativité de la science. Mais attendre des physiciens une réponse technique à ces questions reviendrait à oublier que la physique doit sa puissance au fait qu'elle a su limiter ses ambitions. Les physiciens ne s'intéressent pas, en tant que physiciens, à toutes les questions possibles. Ils prennent bien soin de ne sélectionner que celles relevant des méthodes de leur discipline. Ainsi, s'agissant du temps, ils n'essaient pas de résoudre la question de sa *nature* ou du moins, s'ils le font, c'est seulement à la marge de leurs théories. Leur but est moins de substantialiser les choses que de les abstraire. Alors, bien conscients que l'ontologie du temps n'aura jamais la clarté de celle d'une assiette de purée, ils cherchent plutôt la meilleure façon de le *représenter* en lui donnant un statut mathématique adéquat. Ainsi espèrent-ils pouvoir trancher la question de son existence, à défaut de pouvoir traiter celle de sa nature.

Ce parti pris a un mérite : en invitant les scientifiques à la retenue en matière de métaphysique, il leur évite bien des débats hasardeux sur le lien qu'il peut y avoir entre le monde et sa représentation, entre l'idée et la chose, entre l'être et le devenir. Mais cette prudence, outre qu'elle laisse le champ libre aux histrions de tous bords, a également l'inconvénient de sacrifier une ambition de l'esprit pourtant fort précieuse : l'unité profonde de la pensée et du savoir.

Ce que l'on gagne en tranquillité, on le perd toujours en grandeur.

Le temps, un jour en Italie, se mathématisa

Là où la vie emmure,
l'intelligence perce une issue.
Marcel Proust

Dès l'Antiquité grecque, les philosophes ont compris que le temps était source de tracas -series. Par exemple, il y a ving-cinq siècles, Parménide et ses amis les Éléates, qui proposaient de confondre la matière et l'espace (excluant par là même le vide), pensaient le mouvement comme une simple translation, c'est-à-dire comme une succession de positions fixes. Le temps leur demeurait inexplicable. Ils s'attachaient d'ailleurs à démontrer son inexistence en décrivant tout à partir de l'immobilité. En face d'eux, Héraclite et les atomistes prenaient un autre parti en proposant de confondre la matière avec le mouvement et en affirmant la réalité du vide. Selon eux, tout était mobile, tellement mobile d'ailleurs que l'on ne pouvait imaginer de point fixe pour évaluer les changements d'état ni expliquer quoi que ce soit. C'est certainement Parménide qui a eu l'influence la plus forte en physique puisque cette dernière prétend rechercher des relations invariables entre les phénomènes, des rapports qui soient soustraits au changement. Ainsi, même lorsqu'elle s'applique à des processus qui ont une histoire ou une évolution, elle tente de les décrire à partir de formes, de lois, de règles qui soient indépendantes du temps. En somme, son ambition est de construire une législation des métamorphoses s'appuyant sur des notions insoumises au temps.

La physique moderne a commencé avec Galilée, qui s'intéressa au statut à donner au temps pour penser le mouvement. Cela l'amena à considérer le temps comme une grandeur quantifiable rendant possible la mesure du mouvement. Or, pour permettre la mesure du mouvement, le temps doit lui-même devenir mesurable, et il ne peut l'être que s'il est pensé comme un écoulement uniforme, sans terme ni discontinuité. C'est dans cet esprit que Galilée étudia la chute des corps. Il réalisa que si le temps, plutôt que l'espace parcouru, était choisi comme paramètre fondamental, alors la chute des corps obéissait à une loi simple : la vitesse acquise est proportionnelle à la durée de la chute. Cette découverte ouvrit la voie de la mathématisation du temps. Jusqu'alors, l'idée commune de temps était restée centrée sur des préoccupations quotidiennes ou saisonnières. Elle servait essentiellement aux hommes de moyen d'orientation dans l'univers social et de mode de régulation de leur coexistence (par exemple, il fallait bien rythmer d'une façon ou d'une autre la vie monacale). Mais le paramètre temps n'intervenait pas lui-même de façon explicite et quantitative dans l'étude des phénomènes naturels.

Cette mathématisation du temps, reprise et formalisée par Newton, a insidieusement conduit à accentuer la personnification du temps, déjà bien amorcée dans la métaphysique grecque. Le temps s'est vu accorder une position de « surplomb » en devenant une matrice transcendante contenant tous les événements passés ou futurs. Cette conception a fortement influencé la pensée occidentale, qui perçoit le temps comme un être abstrait, universel, impersonnel, comme une sorte d'enveloppe mécanique du monde dans laquelle tout s'inscrit, s'insère et se déploie entre un début et une fin. Dès lors, le monde n'est plus qu'une succession d'évènements au sein de laquelle l'homme se retrouve coincé entre deux infinis, le passé et l'avenir. Par certains côtés, un tel temps est « inhabitable » au sens où il nous expulse en permanence de lui-même et ne nous laisse jamais en repos. Il devient sinon un ennemi, du moins un souci existentiel majeur. D'où notre impatience frénétique vis-à-vis des divers « frottements » du quotidien, ceux-là même dont les internautes d'aujourd'hui, apôtres du « temps réel », prétendent s'être débarrassés grâce à l'hygiaphone des machines informatiques qu'ils mettent entre le monde et eux. D'où également notre passion métaphysique pour la vitesse, qui nous permettrait d'en finir avec le temps, comme si toute idée de vitesse était déjà une promesse de libération. Promesse non tenue, évidemment, puisque le temps gagne toujours. D'où enfin une interrogation : ce besoin moderne de gagner du temps, d'en occuper tous les instants, d'en accélérer le rythme faute de pouvoir en étendre la durée, ne cache-t-il pas notre hantise de la mort, habilement déguisée sous les masques d'une agitation devenue ivre d'elle-même ?

Mais dans toute recherche, il faut de temps à autre changer les points de vue, croiser les regards, comparer les préjugés. Le moment est venu pour nous de faire un petit détour par la Chine où, dit-on, le temps n'est pas comme chez nous. Il paraîtrait même que, là-bas, les gens ne parlent jamais du temps qui passe, seulement du temps qu'il fait…

Une pensée sans temps est-elle possible ?

La méditation du temps est la tâche préliminaire à toute métaphysique.[4]
Gaston Bachelard

Est-il bien si certain que la pensée ne pourrait se passer du concept de temps ? Il semble que non. Dans son livre *Du « temps »*[5], le philosophe François Jullien explique en tout cas que les Chinois, bien qu'ils n'aient méconnu ni les calendriers ni les horloges, n'ont pas eu besoin d'élaborer de notion de temps à proprement parler. La pensée chinoise n'ignore nullement le « moment » ou la « durée », mais cela ne l'a pas conduite à forger la catégorie abstraite d'un temps englobant la totalité des expériences de la durée et de la succession. Elle n'oppose donc pas, comme nous ne cessons de le faire, le passé, le présent et le futur. D'ailleurs, la langue chinoise ne conjugue pas, elle ne lie pas le temporel et le verbal, alors que le temps est totalement « impliqué » dans notre langue. Personne en Chine, assure François Jullien, n'a songé à concevoir le temps sous l'aspect d'une durée monotone constituée par la succession de moments qui seraient qualitativement semblables. Les Chinois voient plutôt dans le temps un ensemble d'ères, de saisons, d'époques, chacune ayant sa consistance et ses attributs propres, de sorte que nul fil unitaire ne peut les mettre en correspondance. Cette conception « poétique » du temps a, sans doute, empêché de constituer celui-ci en concept. Pourquoi a-t-on fait, en Occident, de la durée un être propre, indépendant des durées individuelles et que l'on appelle le « temps » ? Et pourquoi la Chine, à l'inverse, n'a-t-elle pas abstrait le « temps » en en faisant une instance isolée ? Seuls des sinologues avertis pourraient répondre à ces questions. Retenons simplement qu'à la conception homogène du temps choisie par l'Occident, la Chine a opposé un pluralisme qualitatif qui pense la vie comme une succession de saisons singulières, et non comme un déroulement irrémédiablement orienté.

Cette conception autorise sans doute un rapport plus « disponible » au moment qui s'offre. Elle n'est donc certainement pas sans conséquences pratiques. Par exemple, il est concevable qu'elle donne plus de prix et plus de poids à la journée d'aujourd'hui, alors qu'en nos contrées, ainsi que l'avait noté Montaigne, nous ne prenons effectivement conscience du présent que comme d'un moyen en vue de l'avenir, comme si l'existence était toujours remise à plus tard : « Notable exemple de la forcenée curiosité de notre nature, s'amusant à préoccuper les choses futures, comme si elle n'avait pas assez à digérer les présentes. »[6] Toutefois, il ne faudrait pas exagérer l'ampleur et la portée de tels effets sur notre rapport au temps. Après tout, même si nous ne sommes pas Chinois, nous ne réduisons jamais nos vies à un simple alignement de faits prenant place dans un temps homogène et continu, de la naissance à la mort. Quelle que soit notre culture, nous attribuons au temps vécu une « intensité », une « pâte » comme disait Henri Bergson, qui colorent et connotent les différentes phases de notre parcours terrestre. En clair, lorsqu'il s'agit d'évoquer notre rapport *personnel* au temps, nous ne réduisons jamais ce dernier à un être purement mathématique et désincarné. Il est pour nous plein d'événements singuliers, empli de périodes successives qui ne nous affectent pas toutes de la même façon. Pour nous en convaincre, écoutons simplement comment nous relatons à nos proches les présents successifs qui ont marqué les époques de notre vie : nous ne les mettons pas bout à bout, mais essayons au contraire de montrer qu'ils constituent des plans différents, avec des sauts ou des ruptures de l'un à l'autre. Tomber amoureux ou malade (voire les deux en même temps), cesser d'aimer, guérir, voilà des actes et des faits qui ne sont jamais racontés dans le cadre d'une stricte chronologie parce qu'ils n'ont pas un début ni une fin parfaitement définis.

En définitive, la réflexion sur le temps a beau pouvoir tendre vers l'abstraction la plus désincarnée, elle transparaît toujours concrètement, c'est-à-dire chaque jour, au cœur des règles de vie et de pensée. On conçoit donc qu'elle puisse aboutir à des « cultures du temps » ou à des « temporalités » qui soient différentes d'un endroit du globe à un autre. Mais une « culture du temps » ou une **temporalité** ne sont pas la même chose que le temps lui-même. Elles désignent plutôt notre façon d'habiter le temps, de le vivre, de l'imaginer, d'être en rapport avec lui. Certes, la représentation que nous nous faisons collectivement ou scientifiquement du temps influence certainement le lien que nous avons avec lui, mais pas complètement. Dans cette affaire interviennent également le caractère de chacun, son humeur et aussi – n'ayons pas peur des grands mots – sa conception de la liberté. Nous ne nous soumettons pas tous à la règle du temps avec la même grâce. Par exemple, on peut parfaitement croire à l'existence d'un temps newtonien et vivre sans se donner la moindre contrainte temporelle et sans trop regarder l'heure. On raconte même qu'il existe encore des Parisiens, physiciens de surcroît, qui ne portent jamais de montres…

Mais il est temps pour nous de revenir au temps mathématique inventé par Galilée et Newton pour voir à quoi il ressemble.

La droite ou le cercle

Quand on prend les virages
en ligne droite, c'est que ça ne tourne
pas rond dans le carré de l'hypoténuse.
Pierre Dac

La première mathématisation du temps physique a consisté à supposer que celui-ci n'a qu'une dimension puisqu'un seul nombre suffit pour préciser une date. Cette figuration du temps par une ligne continue l'assimile à un flux composé d'instants infiniment proches parcourus les uns après les autres. Elle implique qu'il n'y a qu'un temps à la fois, conformément à ce que nous apprend notre expérience, qui nous présente des événements se chevauchant dans le temps, mais jamais de lacunes. L'enveloppe du temps ne présente aucune « trouée » permettant la moindre évasion, même brève. C'est certainement désolant, mais il ne cesse jamais d'y avoir du temps qui passe (voir à ce propos les geignements de certains poètes).

La durée serait donc faite d'instants sans durée, comme la droite est faite de points sans dimension. Cette représentation ouvre toutefois de drôles de questions : pour engendrer une ligne à partir d'un point, il faut de surcroît se donner ce qui manque toujours à un instant pour faire du temps, et qui est précisément… le temps ! Le présent n'amenant pas par lui-même un autre présent, il faut bien qu'un « petit moteur » – le temps soi-même – fasse passer d'un instant présent au suivant.

Ensuite, si tout est dans le temps, dans quel espace extérieur au temps la ligne du temps doit-elle être tracée ? Flotte-t-elle dans le vide ou s'appuie-t-elle sur quelque chose ?

Enfin, pour pouvoir dire qu'une infinité de points forme une ligne, il faut qu'ils coexistent *en même temps* sous notre regard. En effet, une ligne ne peut être perçue sous forme de ligne que par un spectateur situé hors d'elle. Or, dans le temps, ni le passé ni l'avenir ne coexistent avec le présent, et nous ne pouvons jamais nous extraire du présent pour observer sa continuité avec le passé. Parler d'une forme du temps suppose une « vue » sur le temps, que nous n'avons pas.

Quoi qu'il en soit, avec sa seule et unique dimension, le temps se voit doté d'une topologie beaucoup plus pauvre que celle de l'espace, qui lui a trois dimensions. La ligne qui le représente peut être ouverte ou bien refermée sur elle-même. Dans le premier cas, elle se ramène à une droite. Dans le second, elle équivaut à un cercle. Il n'y a donc *a priori* que deux types de temps possibles, le temps linéaire et le temps cyclique.

Pendant des siècles, c'est la forme du cercle qui a trôné, impériale, sur le temps, car elle a toujours passé pour la figure de la perfection, celle qui n'a ni début ni fin, celle dont la régularité est si aboutie que nul ne saurait comment la parfaire. L'idée d'un temps faisant des boucles à l'infini (le fameux « éternel retour ») a donc facilement prévalu dans les grands mythes de l'humanité, dans certaines religions et dans quelques philosophies, telles celles des stoïciens ou des pythagoriciens et, bien plus tard, celle de Nietzsche. Pour les stoïciens, si le monde périt, c'est pour indéfiniment se régénérer à l'identique, de sorte que ce qu'on nomme « avenir » n'est que du passé qui va revenir. Rien ne s'ajoute jamais à ce qui est par l'effet du temps, et toute nouveauté est impossible. Tout étant donné au départ, il n'y a pas de destin, seulement de la nécessité. Les pythagoriciens, eux, appuyaient leur idée de l'éternel retour sur le constat des révolutions célestes et du rythme des saisons. Quant aux arguments de Nietzsche, ils avaient une portée plus vaste puisque le bouillant philosophe en tirait carrément une morale : si le devenir revient effectivement sur soi pour former un grand cycle où tout réapparaît éternellement, le meilleur comme le pire, alors nous devons vivre de façon à désirer revivre ce que nous avons déjà vécu, à vouloir l'avenir plutôt que le subir.

La fortune philosophique du concept d'éternel retour a quelque chose d'étonnant.

En effet, prise rigoureusement, l'idée qu'un même cycle temporel puisse se répéter à l'infini est paradoxale. Admettons (pour voir) qu'une telle chose soit possible. De deux choses l'une : ou bien, lorsqu'on parcourt pour la deuxième fois un cycle donné, on se souvient de ce que fut le premier passage ; il ne s'agit pas alors d'une authentique répétition du premier cycle, mais plutôt d'une « reprise » puisque l'on ne découvre plus ce que l'on est en train de revivre ; ou bien chaque démarrage d'un nouveau cycle « remet les compteurs à zéro », c'est-à-dire que chaque cycle est vécu pour lui-même, comme un événement unique et neuf, oublieux de ce qui l'a précédé et inconscient de ce qui lui succédera ; dans ce cas, il ne s'agit pas non plus d'un véritable retour, puisque celui qui le vit ignore qu'il ne fait que le revivre. Pour qu'il y ait devenir et non simplement rengaine, il faut que du hasard et de l'imprévisible soient redonnés à chaque fois, de sorte que chaque cycle soit différent du précédent. Autrement dit, il faut injecter de la différence dans la répétition, c'est-à-dire empêcher la... répétition à l'identique.

Ces difficultés qui jaillissent immanquablement, que l'on fasse ou non intervenir la mémoire dans l'affaire, n'ont pas suffi à entamer l'*aura* du mythe de l'éternel retour. Ironiquement, celui-ci s'amuse à « revenir éternellement » dans nos discours nostalgiques. Sans doute espère-t-on grâce à lui retrouver l'origine même des choses par-delà leur dissémination temporelle. Mais ce n'est pas parce que certains phénomènes se répètent que le temps lui-même se répète. Autrement dit, l'existence de cycles *dans* le temps, comme ceux des saisons, n'impose nullement au temps d'être lui-même cyclique. D'une façon générale, le temps ne possède pas nécessairement les propriétés des phénomènes qu'il contient.

Iconoclastes, les physiciens ont choisi d'adopter un temps linéaire plutôt que cyclique en vertu du **principe de causalité**. Ce principe est une méthode de rangement des évènements. Dans sa formulation classique, il stipule que la cause d'un phénomène est nécessairement antérieure au phénomène lui-même. Cet ordre obligatoire et absolu vient immédiatement interdire les voyages dans le temps, car ceux-ci permettraient de retourner dans le passé pour modifier une séquence d'événements ayant déjà eu lieu. Dans un temps cyclique, aller vers le futur équivaut à retourner dans le passé, le devenir revient sur lui-même pour tout faire réapparaître, de sorte que ce qu'on appelle la cause pourrait tout aussi bien être l'effet et *vice versa.* Une telle possibilité conduirait à affronter de bien curieuses situations : un être humain pourrait supprimer dans le passé l'une des causes qui ont permis sa naissance, par exemple toute rencontre entre son père et sa mère. Un tel paradoxe, possible avec un temps cyclique, ne l'est plus avec un temps linéaire, celui-ci ordonnant les événements selon un enchaînement chronologique irrémédiable.

Souvent, le temps est associé à l'espace, au motif que nous sommes dans l'un *et* dans l'autre, et que nous ne pouvons nous extraire *ni* de l'un *ni* de l'autre. Mais nous venons de découvrir une différence essentielle entre le temps et l'espace : nous pouvons nous déplacer à notre guise à l'intérieur de l'espace, aller et venir (en principe) dans n'importe quelle direction, alors que nous ne pouvons pas changer notre place dans le temps. L'espace apparaît donc comme le lieu de notre liberté, tandis que le temps emprisonne nos vies. Nous sommes « embarqués », comme disait Pascal. Nous voudrions nous libérer, mais toute tentative de fuite est vouée à l'échec, si bien que notre liberté (si elle existe) n'est pas légère comme la grâce, mais ressemble déjà à une pesanteur : enchaînés au présent, nous ne pouvons pas migrer hors de lui. Cela a comme conséquences que nous ne pouvons rien changer à notre âge, même avec des crèmes anti-rides, et que tout trajet effectué dans l'espace est nécessairement chronophage. En clair, un aller et retour dans l'espace est toujours un aller sans retour dans le temps.

Le principe de causalité a un autre versant consistant à dire que « les mêmes causes produisent les mêmes effets ». Il implique que certains phénomènes doivent se reproduire tels quels dès lors que leurs causes se répètent. La causalité, si elle interdit au temps d'être cyclique, organise toutefois des répétitions en créant la possibilité que certains événements réapparaissent à l'identique à différents moments du temps linéaire. Elle permet parfois, quoi qu'on en dise, à l'Histoire de « repasser les plats », aux périodes de vaches maigres de succéder aux périodes de vaches grasses (à moins que ce ne soit l'inverse), aux alpinistes d'éprouver (presque) toujours la même joie en foulant un sommet et aux histoires d'amour de finir mal en général, du moins si l'on en croit la rumeur et les chansons. En ce sens, la causalité est également une garantie de rebelote systématique.

Dès qu'elle fut affirmée, la linéarité du temps a ouvert de nouvelles perspectives. Rythmée par l'émergence de nouveautés possibles, marquée d'événements uniques, tendue vers un futur forcément neuf, elle rompait radicalement avec les bégaiements du temps cyclique. Elle fit de l'avenir une aventure et une invention. Avant elle, la rengaine sempiternelle, la répétition lancinante de schémas identiques ; après elle, la production historique, l'invention continue, la liberté créatrice.

Le temps ne fait pas de boucles ni n'enchaîne les révolutions. Il fonce droit devant lui. Sans cesse, le défilé linéaire de ses secondes pressées grignote des bribes de perfection circulaire.

Voyage dans le temps, et antimatière

On est peut-être cons, mais pas au point de voyager pour le plaisir.
Samuel Beckett

Le temps est à l'évidence une prison. Personne n'aimant être incarcéré, nous voudrions pouvoir déambuler à loisir le long de son axe, aller et revenir de part et d'autre du présent, c'est-à-dire « voyager dans le temps ». Que recouvre cette expression au juste ? S'agit-il simplement de rajeunir ? S'agit-il de revivre en boucle les moments heureux, de retrouver des proches disparus ? S'agit-il de changer d'époque sans changer d'âge ? De changer d'âge sans changer d'époque ? S'agit-il d'observer passivement, sur une sorte d'écran de cinéma, le passé et le futur, de vivre une « téléportation temporelle » désolidarisant son temps personnel du temps de l'histoire ? Ou bien s'agit-il de tenter d'agir pour transformer la réalité historique, de changer ce qui a été écrit ou vécu, de redonner au monde une certaine virginité ? Les auteurs de science-fiction ont exploré ces diverses pistes, souvent au prix d'incohérences qui sautent aux yeux.

Alors, régulièrement, on interroge les physiciens : que dit donc la physique contemporaine sur cette vieille question ? Réponse : la même chose que l'intuition et l'expérience courante, à savoir que les voyages dans le temps sont chimériques. Un mot lapidaire de Rimbaud dans *Une Saison en enfer* dit les choses mieux qu'une longue tirade : « On ne part pas ».

L'argument des physiciens pour dire qu'en effet « on ne part pas » s'appuie là encore sur le principe de causalité. C'est leur façon à eux d'affirmer que la place de tout événement est fixée dans le temps et que l'ordre dans lequel se déroulent les phénomènes n'est pas toujours arbitraire. Le principe de causalité se décline de différentes façons selon les théories physiques. En physique classique, elle revient à simplement supposer, comme nous l'avons vu, que la forme du temps est linéaire et qu'on ne peut donc pas rejoindre le passé en allant vers l'avenir.

Mais en relativité restreinte (théorie proposée en 1905 par Albert Einstein), les visions classiques de l'espace et du temps sont ébranlées : ni les longueurs ni les durées ne sont des quantités absolues, c'est-à-dire indépendantes du **référentiel** (le système de coordonnées spatiales et temporelles qui permettent de localiser et de dater un événement) dans lequel elles sont calculées. Ainsi, une horloge, lorsqu'elle se déplace en mouvement rapide dans l'espace, ralentit le rythme de ses battements pour tout observateur qui ne l'accompagne pas dans son mouvement. Ce « ralentissement des horloges », comme on l'appelle, mesure l'élasticité du temps de la relativité. On l'observe couramment sur les particules élémentaires instables, par exemple sur les « muons », qui sont des sortes d'électrons lourds produits naturellement dans la haute atmosphère par le rayonnement cosmique. Leur durée de vie « propre », c'est-à-dire celle que l'on mesure lorsqu'ils sont au repos par rapport à nous, vaut quelques microsecondes. Toutefois, la théorie de la relativité implique – et l'expérience établit – que l'intervalle de temps mesuré entre la création d'un muon et sa désintégration ne coïncide avec sa durée de vie propre que si ce muon naît et meurt en un même point de l'espace. Autrement dit, cela ne vaut que s'il est immobile par rapport à celui qui effectue la mesure. Sinon, sa durée de vie effective (et donc la longueur du trajet qu'il parcourt dans l'espace) dépend de son énergie ou, si l'on préfère, de sa vitesse : plus il va vite et plus il dure longtemps, au point que si sa vitesse est proche de celle de la lumière dans le vide, il a tout loisir de se manifester pendant une durée bien supérieure à sa durée de vie propre.

Dès lors, en relativité restreinte, l'espace et le temps apparaissent comme étant intimement liés. Ils doivent être pensés *ensemble* au sein de ce que les physiciens appellent « l'espace-temps ». Cette théorie de la relativité restreinte est très efficace. Elle permet par exemple de décrire le mouvement d'objets dont la vitesse est très élevée, pouvant aller jusqu'à celle de la lumière dans le vide. Comment intègre-t-elle le principe de causalité ? En affirmant l'impossibilité de transmettre de l'énergie ou de l'information à une vitesse supérieure à celle de la lumière dans le vide. En effet, d'après son formalisme, cela équivaudrait à remonter le cours du temps. Les voyages dans le temps et les renversements de chronologie s'en trouvent aussitôt interdits.

Cette contrainte a également pour effet de délimiter dans l'Univers l'ensemble des régions accessibles à nos observations astrophysiques, c'est-à-dire les régions qui ont pu nous influencer d'une façon ou d'une autre. Ces régions constituent ce que l'on appelle notre « passé causal ». Elles sont définies par le fait que nous ne pouvons rien savoir de ce qui s'est passé en dehors d'elles. Par exemple, si l'Univers est âgé de quinze milliards d'années, il nous est impossible de savoir quoi que ce soit d'une galaxie qui serait située à trente milliards d'années-lumière, car sa lumière (ou n'importe quel autre signal qu'elle aurait pu émettre) n'a pas eu le temps de nous parvenir. Il existe donc un « horizon », c'est-à-dire une frontière fictive, au-delà duquel il est impossible de connaître ce qui se passe.

En physique des particules, l'affaire devient plus délicate, car il s'agit de décrire des objets à la fois très petits et très rapides, leur vitesse pouvant être très proche de celle de la lumière. Son formalisme, c'est-à-dire le jeu d'équations sur lequel elle s'appuie, doit donc réussir le mariage de la physique dite « quantique », qui traite des objets très petits, et de la théorie de la relativité, qui traite des objets très rapides. Mais si l'on ne prend pas de précaution, les équations obtenues laissent entrevoir des situations dans lesquelles la disparition d'une particule peut précéder son apparition ! Accepter de telles situations reviendrait à nier l'existence même du cours du temps.

On les interdit donc en contraignant le formalisme par des règles mathématiques supplémentaires qui imposent que la création d'une particule précède nécessairement son annihilation. Les calculs montrent alors que cette contrainte rend nécessaire l'existence de nouvelles particules décrites comme des particules qui « remontent le cours du temps » (car à la différence de toutes les particules connues, leur énergie est négative, ce qui les rend mathématiquement équivalentes à des entités pour lesquelles le temps coule en sens inverse, du futur vers le passé). Mais « remonter le cours du temps », qu'est-ce que cela peut bien signifier ? Personne ne le sait vraiment. Alors, dans le doute, mieux vaut supposer que le temps a un cours bien défini, et que ce cours est le même pour toutes les particules. Dès lors, les particules à énergie négative semblant remonter le cours du temps peuvent être réinterprétées comme étant des *anti*

-particules d'énergie positive qui suivent le cours normal du temps. Ces antiparticules, dont l'existence fut prédite par le physicien anglais Paul Dirac dès les années 1930, sont aujourd'hui bien connues. Elles constituent ce que l'on appelle l'antimatière.

Alors, si l'on voulait résumer les choses en une phrase, ambiance journal de vingt heures, on dirait ceci : l'existence avérée de l'antimatière est la preuve matérielle (ou plus exactement « antimatérielle ») du fait que le temps existe et que c'est un sens unique.

Cet argument physique vient conforter le sentiment que nous avons tous qu'il existe dans le monde « quelque chose » qui le fait passer, irrémédiablement.

Références

1. Montaigne, *Essais*, III, XIII, éd. Villey, PUF, 1978, p. 1069

2. André Comte-Sponville, *Dictionnaire philosophique*, PUF, 2001, p. 77

3. Martin Heidegger, *L'Être et le Temps* (§81).

4. Gaston Bachelard, *L'Intuition de l'instant,* Stock, 1992, p. 13

5. François Jullien, *Du « temps », Éléments d'une philosophie du vivre*, Grasset, 2001

6. Montaigne, *Essais*, I, chap. XI, « Des pronostications »

Bibliographie

Saint Augustin, *Confessions*, trad. L. de Mandadon, éd. du Seuil, 1982

Gaston Bachelard, *L'Intuition de l'instant*, Stock, 1992

Henri Bergson, *Durée et simultanéité*, PUF, 1972

Pierre Boutang. *Le Temps, essai sur l'origine*, Hatier, 1993

Jean Brun, *Héraclite ou le philosophe de l'Éternel Retour*, Seghers, 1965

André Comte-Sponville, *L'Être-temps*, PUF, 1999

Marcel Conche, *Temps et destin*, PUF, 1992

Jacques-Toussaint Desanti, *Réflexions sur le temps*, Grasset, 1992

Nicolas Grimaldi, *Ontologie du temps*, PUF, 1993

Stephan Hawking et Robert Penrose, *La Nature de l'espace et du temps*, Gallimard, 1997

Étienne Klein, *Le Temps*, « Dominos », Flammarion, 1995

Étienne Klein, Michel Spiro, *Le Temps et sa flèche*, « Champs », Flammarion, 1994

Emmanuel Levinas, *Le Temps et l'autre*, « Quadrige », PUF, 1991

Bernard Piettre, *Philosophie et science du temps*, « Que sais-je? » n°2909, PUF, 1994

Igor Prigogine et Isabelle Stengers, *Entre le temps et l'éternité*, Fayard, 1988

Table des matières

Achevé d'imprimer sur les presses de l'Imprimerie Darantiere
à Dijon-Quetigny en février 2009
N° éditeur : 090018-06 - Dépôt légal : juin 2006 - N° d'impression : 29-0161